我的第一本
科学漫画书
儿童**百问百答** 60

恐怖的
毒与毒气

图书在版编目 (CIP) 数据

恐怖的毒与毒气 / (韩) 申惠英著 ; 王雨婷译 . --
南昌 : 二十一世纪出版社集团 , 2021.9
（儿童百问百答）
ISBN 978-7-5568-6161-3

Ⅰ . ①恐　Ⅱ . ①申　②王　Ⅲ . ①有毒物质 – 儿
童读物②有毒气体 – 儿童读物 Ⅳ . ① X327 ② X51

中国版本图书馆 CIP 数据核字 (2021) 第 156803 号

版权合同登记号　14-2019-0017

我的第一本科学漫画书　儿童百问百答 60
恐怖的毒与毒气
KONGBU DE DU YU DUQI　［韩］申惠英 / 文图　王雨婷 / 译

责任编辑　屈报春
美术编辑　陈思达
版式设计　洪　梅
出版发行　二十一世纪出版社集团
　　　　　（江西省南昌市子安路 75 号　330025）
　　　　　www.21cccc.com　cc21@163.com
出 版 人　刘凯军
承　　印　江西宏达彩印有限公司
开　　本　720 mm × 960 mm　1/16
印　　张　12.75
版　　次　2021 年 9 月第 1 版
印　　次　2021 年 9 月第 1 次印刷
印　　数　1—50,000 册
书　　号　ISBN 978-7-5568-6161-3
定　　价　30.00 元

赣版权登字 –04-2021-658
（凡购本社图书，如有任何问题，请扫描二维码进入官方服务号，联系客服处理。服务热线：0791-86512056）

我的第一本科学漫画书
儿童 百问百答 60

[韩] 申惠英 / 文图　　王雨婷 / 译

审订员的话

如果我们误吃了有毒的食物或误吸了有毒的气体，就可能会引起大麻烦。即使是一点点有毒物质进入我们体内，也可能导致我们患上疾病甚至威胁到生命。

可是，这些对我们有害的毒却在日常生活中数不胜数。有的是动植物分泌的毒，有的是矿物质毒，有的是人们通过加工合成的人工毒。不仅仅毒蛾、蜈蚣、毒蛇、毒蘑菇等有毒的动植物，汞、铅等包含有毒的物质，甚至加工食品和化学调味料，洗衣液和漂白剂等都包含了有毒物质。

如果一不小心吃了有毒物质，或者因为不了解毒而使用不当，就可能会酿成大错。不过，如果能够很好地利用有毒物质，我们也能"化毒为药"。

希望大家通过阅读《儿童百问百答·恐怖的毒与毒气》，了解毒的种类和害处，同时学习如何更好地利用它们。大家还能在书中了解到世界上最强的毒是什么，一条毒蛇被另一条毒蛇咬会怎么样，中毒后应该怎么办，世界上有没有毒鸟，为什么"不响"的屁更臭等各种关于毒和毒气的有趣知识。希望这本书可以为对毒与毒气充满好奇心的小朋友答疑解惑。

韩国科学技术研究院（KIST）特聘学者
科普作家　李忠浩

编辑部的话

　　科学是认知世界的工具，许多人类很久以前无法挑战的自然现象，到如今已经成为我们必备的基础常识，这就是科学发展的力量。

　　如果没有历史上那些伟大的科学家们，恐怕今天的我们依然和原始人差不多，过着原始生活吧。因为科学是随着好奇心从"为什么"这个问题开始的，所以如果我们对这个世界不存在好奇心，科学就无法取得突飞猛进的发展。

　　正所谓"知识决定感知，感知决定见识"，如果我们认真了解那些平日里被我们无心错过的东西，或许就会对它们产生兴趣。

　　相比成年人，儿童的好奇心更重，因此更容易对某事感兴趣，但是一旦他们发现感兴趣的对象比想象中更难，就会立刻觉得索然无味。这本书正是针对儿童的这个特点，采取轻松有趣的阅读方式持续地吸引孩子们。书中调皮可爱的小主人公们引发的件件趣事，让小朋友们在捧腹大笑的同时，不知不觉地掌握了丰富的科学常识，希望各位小朋友以这些常识为跳板，进入更广阔的科学世界。

二十一世纪出版社集团　编辑部

二 日常生活中可怕的毒

三 令人头晕目眩的危险毒气

人物简介

淘 淘

对世界上各种各样的毒和毒气非常感兴趣，是一个想象力丰富、精力旺盛、经常惹事的小淘气！

嘟 嘟

虽然每天都戴着一顶博士帽，但却不是真的博士哦。不过他知道的科学常识倒是比淘淘要多一些。他对世界上各种各样的毒和毒气都非常感兴趣，还会制造毒探测仪呢。

超能量超人

糊涂上校

—其他登场人物—

小花仙

金笠

刚铎利菲拉少校

白雪公主的继母
和白雪公主

师父和徒弟

鬼怪

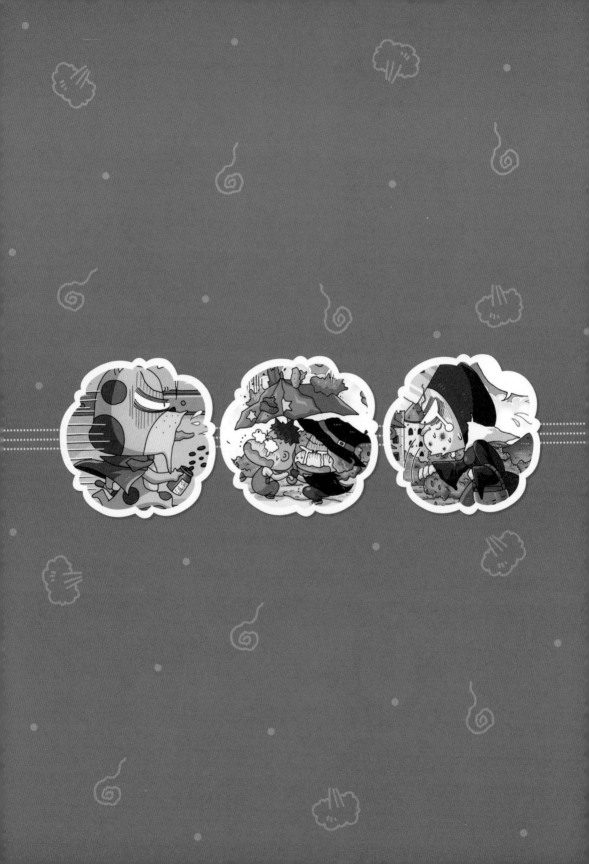

一

令人瑟瑟
发抖的 毒

什么是毒?

他会在哪儿呢?

摇晃

哈哈，我找到了。

上校，您出来吧!

窸窸窣窣

嗖

呃!

刚铎利菲拉少校!那是毒蛇!危险!

敁窸窸

呼!差一点出大事了。

哎!

咦?这是什么?看起来很美味的样子，要不尝尝看?

不行!这个果子有毒!

啊?有毒?

动物和植物里的毒是如何产生的呢？

毒其实是生物为了自我防御而产生的。

就拿动物来说，当它们遇到危险时，就可以将毒当作武器，当然了，它们还能将毒当作捕猎工具。

海蜇

嘿！

啊！

毒不仅仅存在于动植物界，它们还存在于微生物界，或者是像汞和铅这样的矿物质中。这些都是来自自然界的毒。

不仅如此，还有人类制造的人工毒。农药、消毒剂、毒气等都属于人工毒。

扑棱

呃啊！是箭毒蛙！

这么小的青蛙也含有毒？

当然了，而且它的体内可是含有剧毒呢！现在状况紧急，我们必须立即启动防御！

防御？怎么防御？

像这样……

啪

·毒的定义和种类·

　　毒是会对我们身体产生临时性或永久性伤害的物质。毒可以分为存在于自然界的"自然毒"和人类加工合成的"人工毒"。动植物的毒、细菌等微生物毒、汞和铅等矿物毒都属于自然毒。而人类运用化学原理加工合成的毒气、二恶英、农药以及杀虫剂等都属于人工毒。

令人瑟瑟发抖的毒

毒为什么危险?

据说这栋楼里有可怕的毒?

嗯。

可是你怎么知道这里有毒的呢?

我当然是通过这个仪器知道的啊。

这就是所谓的毒探测仪!

每当这个仪器感知到了毒，就会发出这样的信号，告诉我们毒的准确位置。

哎哎

哇！真酷。那我们就赶紧去把那个毒给解决了吧。

人们也许会因毒而处于危险之中，所以快快走吧。

咣当

啊！

嘘！你怎么能发出声音呢！真像个菜鸟。

可是这周围也没人啊，我们有必要这么躲躲藏藏吗？

当然啦！

唰唰

这样才有意思啊。

好吧……这倒也是。

嗡嗡 摇摇

这下面的石头也挺牢固的啊……

晃晃

吱吱吱吱!

里面到底是啥毒啊?

我们先把它给挪开吧。

妈呀!

·我们周边可怕的毒·

即使是少量的毒也会对我们人体造成危害,引发疾病。如果严重的话,甚至会让我们丧失生命。不仅如此,空气和水中的污染物质、速食食品里的化学添加物、生活中的有害化学制品等也含有毒素。因为我们在日常生活中经常接触到各类毒,所以更需要提早预防,了解应对方法。

世界上最厉害的毒是什么？

淘淘啊，你知道世界上最让人闻风丧胆的毒是什么吗？你猜一猜。

呃！

也不至于这么害怕吧？

是肉毒杆菌。这种细菌会经常出现在午餐肉、香肠以及罐头食品等食物中。它一旦进入人体内并开始繁殖生长，就会对人体造成致命性的危害。

只需要一茶匙的肉毒杆菌，就能导致 12 亿人死亡呢，是不是特别可怕？

嘟嘟啊，比起这个，还有更可怕的。

真的？那是什么？

是我最害怕的
斗牛犬！

妈呀！

哼，汪汪汪！

我力大如
牛呀！

唔唔

被狗咬了，
还笑？！

·自然毒中最强的毒·

肉毒杆菌是一种经常出现在肉类食物中的细菌，是自然毒中最为致命的毒之一。如果将未完全煮熟的肉放入罐头内，或者是没有将罐头进行完整的消毒，又或者是在流通过程中外包装出现破损，都有可能造成肉毒杆菌的产生。不过，这种细菌可以用来治疗肌肉痉挛等疾病。

御赐毒药是用什么做成的？

你好啊，我是少女鬼。

你好，我是喝了御赐毒药的鬼魂。

御赐毒药？那是什么？

嗯，御赐毒药就是皇上赐给犯了罪的人所喝的毒药。

御赐毒药的主要材料就是毒草"附子"。附子的根具有毒性，用它制成的药也就同样具有毒性了。

附子

药太苦了，能不能给块糖让我润润喉啊……

喝下御赐毒药后，身体不会出现很大的损伤，所以一般御赐毒药是给犯了罪的王公贵族们喝的。

所以我这漂亮的脸蛋在死后还能一直维持呢。

哈哈，居然敢在我面前说自己美？论脸蛋，当然还是我更美啦。

什么？怎么可能！当然是我更美！

好吧，我们一起去问问山神吧。

问就问。

呼啦啦

谁更漂亮？

是的！山神爷爷。

请您一定要说实话哦。

山神爷爷！

扑通

咕噜噜

你们都很漂亮啊。

烦死了。

......

不过论可怕，还是我更可怕！

瞎说！我还能口吐鲜血呢！我们再问问山神爷爷！

扑通

呼啦

你们都很可怕啊。

哦......

你们就让我睡个好觉吧！

不过论谁死得更冤的话，我说第二，没人敢说第一！

我还没嫁人就死了呢！

咕噜噜

扔

扑通

好吧，我们再问问。

呼啦

山神爷爷！我们两个中谁死得更冤......

·是毒亦是药的附子·

古时候，御赐毒药的主要成分"附子"，是指乌头的子根。如果给犯人服用含有大量附子的御赐毒药，可致肾功能衰竭以及胃损伤，使犯人吐血而亡。但如将附子的毒性祛除，就能起到扩张血管、增加血流、改善血液循环的作用，尤其是对手脚冰凉或者是神经痛有很大的疗效。

令人瑟瑟发抖的毒

如果毒蛇互咬会怎么样呢？

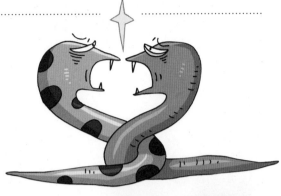

就我这实力，应该能打遍天下无敌手了。

唧蹬 嘎蹬

咦？是座独木桥啊。

啊！

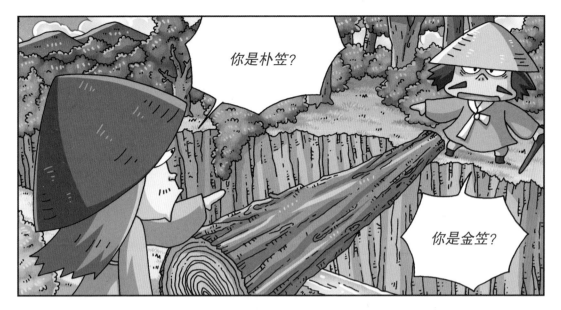

你是朴笠?

你是金笠?

哈哈,还真是不是冤家不聚头呢。

果然老话说得没错。

就让我们在独木桥上来一场真正的较量吧。

如你所愿。

你这毒蛇般的家伙。

你才是毒蛇呢。

哈哈！我们就是毒蛇互咬咯。

你知道毒蛇互咬会怎么样吗？

当然知道啦。如果毒蛇互咬，或者是毒蛇不小心咬到自己，都会毒发身亡。不过只有像眼镜蛇这样的神经性毒蛇才会这样。

喀啊啊！

像竹叶青这样的出血性毒蛇只会暂时出现身体麻痹而已。

废话太多，赶紧较量较量吧。

唰！

嘿呀！

嗒嗒嗒

嘿呀！

令人瑟瑟发抖的毒

克利奥帕特拉是被什么蛇咬伤的？

二十一世纪杯儿童百问百答大赛，终于迎来了决赛！

二十一世纪杯儿童
百问百答 大赛

在决赛进行较量的两位选手分别是淘淘和嘟嘟！目前来看，他们俩的实力不相上下，看不出明显的胜负。

下面请听第一道题。

咕嘟！

咕嘟！

各位！大家都知道克利奥帕特拉是谁吧？

据说她是被毒蛇咬伤后自杀身亡的。

那么，克利奥帕特拉是被哪种毒蛇咬伤的呢？

回答！

嘀

响尾蛇！

叮

嘀

蟒蛇！

叮

黑曼巴蛇？

巨蚰！

叮！叮！

路过的蛇？

胖胖的蛇？

就是一般的蛇？

长得可怕的蛇？

......

令人瑟瑟发抖的毒　**33**

那个……到目前为止还没有出现正确答案。

呃……

据推测，咬伤克利奥帕特拉的蛇是眼镜蛇。

毒蛇大致可以分为眼镜蛇等神经性毒蛇和竹叶青等出血性毒蛇。据说克利奥帕特拉非常了解关于毒的知识。

所以她知道被眼镜蛇等神经性毒蛇咬伤，人会感觉不到任何痛苦地快速死去。

呃……

赶紧逃啊。

那么，下一个问题来了！

咕嘟！

咕嘟！

克利奥帕特拉是哪个国家的女王呢？

嚯

苏格拉底是服毒而死的吗？

我们这是有多久没泡澡了？

趁着现在泡澡，要不我给你出个题吧？

在泡澡时悟出了一个著名的科学原理，并大喊"尤里卡"，光着身子从浴室中狂奔而出的数学家是谁？

帕斯？

哎哟！

是阿基米德啊！那么，说了那句"认识你自己"的古希腊哲学家是谁？

苏格……

哦吼……

哦？

看样子我蒙对了呢？

苏格拉！

完了？

是苏格拉底啊！

哦，对！是苏格拉底。

你知道苏格拉底是服毒而死的吗？

真的？为什么啊？

据说是接到了元老院＊的死亡审判。

因为他否定了神的存在，对国家的年轻一代产生了非常恶劣的影响，所以被元老院赐予了毒酒。

老师，这不可能。

恶法依然是法。

现在换我给你搓了。

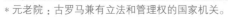

＊元老院：古罗马兼有立法和管理权的国家机关。

令人瑟瑟发抖的毒

你身上的皱还真是多。

疼死了！你轻一点。

搓搓

啊，那么苏格拉底喝的毒酒是什么酒呢？

据说他喝的毒酒是用毒茴草酿造的。

据说当时苏格拉底是在自己学生们的注视下渐渐瘫痪后死去的。

原来是从脚开始麻痹瘫痪的啊。

吱

当

啊！又瘫痪了！怎么办？

大叔！你刚刚说瘫痪了？是谁瘫痪了？

您该不会也喝了毒酒吧？

据说著名古希腊哲学家苏格拉底在接受死刑时所喝下的毒酒主要就是用毒茴草酿造的。由于毒茴草与胡萝卜叶极为相似，因此也被称为"毒萝卜草"。被称为"恶之花"的毒茴草具有超强毒性，可使人丧命。若误食了毒茴草，则会导致四肢麻痹瘫痪，下半身逐渐冰冷，最终呼吸困难死去。

·恶之花——毒茴草·

吃错了药也可能会中毒吗？

一会儿后

淘淘，轮到你了。

呼噜，咦？

起身

怎么感觉有点感冒啊，我得去吃点药。

吞

呃哈哈！

!!!

我有点拉肚子，还是得吃点药。

······

淘淘，你怎么吃这么多药啊？

吓一跳

吃错了药也可能会中毒哦！

！

令人瑟瑟发抖的毒

吃错了药会中毒？毒的确很危险，但是药不是对我们身体有益吗？

药像毒一样，也会使我们的身体产生变化哦。

药必须在遵照医嘱的情况下服用，如果服用不慎，药很可能会变成毒呢。

药有天使的面孔。

也有恶魔的笑容哦。

就拿消食药来说吧，如果过度服用，很可能导致消化能力下降哦。

嗝呃……怎么吃了药还不消化啊？

听了你说的话，我突然觉得头痛，看样子我得来点治头痛的药。

什么？你还要吃治头痛的药？

吞

这么下去不行。

抢

啊！

你别再吃了。

呃……

·吃药前先了解药性·

很多人都知道，感冒时服用维生素有助于感冒痊愈，所以很多人会在服用感冒药的同时服用维生素。但是维生素C具有弱酸性，容易刺激胃壁，造成胃出血。如果这时候正同时服用含有阿司匹林的感冒药，就有可能造成出血不止，导致贫血。因为阿司匹林有防止血液凝固的作用。所以大家在服用药物之前一定要询问医生哦！

可以用毒来解毒吗?

白雪公主继母所在的城堡

我实在是太美了!

我得问问魔镜。

我是不是这个世界上最美的人。

魔镜啊,魔镜!谁是这个世界上最美的人?毫无疑问应该是我吧?

并不是!

你说什么?

该不会是因为我没有化妆,所以认不出来了吧?你等一下。

......

好了,你好好看看!现在我总该是世界上最美的人了吧。

虽然您也很美丽,但是白雪公主要比您美上一百倍。

什么?!

呼啦啦

白雪公主现在还活着?

看样子我得给她吃个毒苹果了。

首先我得先制毒。

令人瑟瑟发抖的毒 ⑤

皇后，您对毒很了解吗？

我可以算得上半个专家了，你为什么这么问？

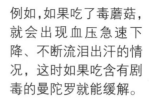

例如，如果吃了毒蘑菇，就会出现血压急速下降、不断流泪出汗的情况，这时如果吃含有剧毒的曼陀罗就能缓解。

我可不怕，我是曼陀罗！

您的意思是以毒攻毒？

用有毒药物来治疗中毒的疾病。

我是毒蘑菇！

这就是所谓的以毒攻毒。

毒药做好了。现在只需要将苹果浸泡在这毒药里即可！哈哈哈！

等等！苹果去哪儿了？

皇后，这座城堡里没有苹果，连苹果树都没有。

什么？连苹果树都没有？

那我还得先埋下苹果树的种子啊。

这得什么时候才能吃上苹果啊?

喷

种子终于发芽了!

·是毒亦是药的荨麻·

　　在森林中，常见的荨麻具有一定的毒性。荨麻一旦接触人体皮肤，很可能引发疼痛和炎症。如果中毒过深，还可能造成呕吐和腹泻、急性肠胃炎等疾病。不过，如果被毒蛇咬伤，荨麻就可以被用作解药。而且荨麻还有治疗糖尿病的作用呢。人们在采集荨麻时，一定要使用工具，戴上手套，避免皮肤直接接触荨麻。

氧气也会变成毒吗？

唰啦

麦奇德里安，这大雨让我们出不了门，好无聊啊，哎……

好一场倾盆大雨啊。

瞧！这是什么？！这是魔法雨伞。

魔法雨伞？

只要撑起魔法雨伞，天上就会落下你想要的东西。

快让我看看。

你看好了！落下吧，叮咚！

麦奇德里安，我也想试试。

给。

哗 哗

哇！天上真的落下了鹅毛大雪呢！

呵呵！你刚刚不是不想要下雨嘛，所以我就让天上下雪了。

啪

落下吧，叮咚！

啊，我刚刚希望天上刮来一阵大风，没想到真的迎来了凉爽的风。快闻闻这新鲜的空气。

你的想法不错，不过氧气有的时候也会变成毒哦。

可是人不是没有氧气没法活嘛，氧气怎么可能是毒呢？

嗯。我们人体所吸入的氧气中有 1%~2% 会转化成为"活性氧"。

所谓的活性氧，就是指我们所呼吸的氧气处在不安全状态下的活性状态。如果我们体内产生了过多的活性氧，就会引发疾病。

我是状态稳定的氧气！

我是活性氧！

哈哈！你这次希望天上落下点什么呢？

我希望天上落下云彩！

哈哈，好的！叮咚！

完了！

天啊！那是什么？

·过量即是毒的活性氧·

　　人体所吸入的氧气中有1%~2%会转化成为活性氧，但过多的活性氧可能会导致糖尿病、中风等疾病。汽车尾气、紫外线、放射线、农药、杀虫剂等是形成活性氧的主要元凶。但是，活性氧也不是一无是处，其所具有的杀菌效果可以保护人体免受细菌侵害。

令人瑟瑟发抖的毒　**51**

重金属在体内堆积会怎么样?

师父，我们今天要学习什么内容呢？

今天的学习内容有点特殊哦。

让我来告诉你如果汞、铅等重金属在我们人体内堆积会怎么样吧。

我先把这个鸡肉放在这儿半个月，你就试着忍上半个月左右，然后我会告诉你我这么做的原因。

那可是我最爱的鸡肉啊！

咕嘟

不就是区区一块鸡肉嘛，我一定可以忍住的。

几小时后

猛然

我的小徒弟怎么样了……

饱嗝！

天啊！他居然把一整只鸡全都吃了！

如果一下吃过量的食物，对身体也是有害的啊！

不仅仅是汞或者铅这类重金属会对人体有害呢！

可是话说回来，为什么重金属也是毒呢？

重金属会在体内堆积，堆积过多，就会对身体造成损伤，甚至危害生命。

令人瑟瑟发抖的毒

片刻之后

令人瑟瑟发抖的毒

如果过度服用维生素会怎么样?

突然

到底是谁闯入了我的棺材?

呃啊！吓我一跳！

哟，这不是木乃伊嘛，这是你的棺材呀?

你连自己的棺材都找不到?

抱歉，我最近总是老眼昏花的……尤其是在昏暗的地方简直跟瞎了一样。

你该不会有夜盲症吧?如果体内缺乏维生素A，就可能患上夜盲。

维生素A?

给，这是维生素A，你吃点试试。

谢谢你，木乃伊。

哗啦啦

停！如果一次性过量摄取维生素，很有可能中毒哦！

突突突

什么？

……

你这话是什么意思？维生素也是毒？

像维生素 B 和维生素 C 这类水溶性维生素，如果少量摄取的话，会随着尿液排出体外，但脂溶性维生素却非如此。

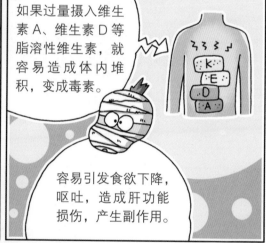

如果过量摄入维生素 A、维生素 D 等脂溶性维生素，就容易造成体内堆积，变成毒素。

容易引发食欲下降，呕吐，造成肝功能损伤，产生副作用。

吞

是吗？看样子不能一次性吃太多。

呃呃……

呃呃……

这是什么声音？

好像是这附近传来的声音呢。

58　儿童百问百答·恐怖的毒与毒气

你们能不能安静点啊？！本来就已经够挤了，你们干吗还跑到别人的地盘来吵吵嚷嚷啊？

哎哟妈呀！

这棺材里到底还藏着多少人啊？

我们的棺材到底在哪儿啊？

·过量服用维生素的危害·

由于人体无法合成维生素，所以大部分的维生素都需要通过食品等进行摄取。但如果摄入过多的维生素，这些对人体有益的物质就会变成毒。过量服用维生素A可能会造成肝损伤；过量服用维生素E可能会造成内出血；过量服用维生素D可能会造成血液中的钙含量增高，导致高钙血症。

有没有可以抚平
皱纹的毒?

明天有一个非常重要的约会,但是却多出了很多皱纹,真愁人啊。

多出了很多皱纹?

你知道肉毒杆菌吗?我们可以利用肉毒杆菌的毒素抚平皱纹。

呜哇!居然还有这样的毒?

肉毒杆菌毒素是从最强毒药"肉毒杆菌"中提炼出来的,它可以在一定时间内起到麻痹肌肉神经、松弛肌肉的作用,达到抚平皱纹的效果。

好的,看样子我只需要使用肉毒杆菌毒素即可。

喷

喷 喷

只要使用了肉毒杆菌，这衣服上的皱纹都会消失吧？

喷喷喷

原来你说的皱纹是衣服上的皱纹啊？

妈呀！你居然这么打扮？

我就只剩下这件衣服了……

· 可以抚平皱纹的毒 ·

可以让肌肤保持年轻的肉毒杆菌毒素是从仅1克就能让数百人丧命的最强毒药"肉毒杆菌"中提炼而成的。注射少量的肉毒杆菌毒素可以麻痹肌肉神经，使肌肉松弛，起到抚平皱纹的效果。此外，肉毒杆菌毒素还能用于治疗肌肉疾病或神经疾病，对多汗症和偏头痛也有非常好的疗效。

令人瑟瑟发抖的毒

蜂毒如何用于治疗疾病?

师父，今天的训练内容是什么?

先闭上眼睛，然后感受这世界里的各种声音，并猜出这些声音都是什么声音。

闭上眼睛!

好的，师父!

嗡

有听到声音吗? 这是什么声音?

哈哈，简单!

这是风的声音啊!

错! 这是蚊子的声音。

嗡

啊，真的是蚊子呢!

这又是什么声音呢?

当然是蚊子的声音啊。

又错了!这次是蜜蜂的声音。

呃啊啊!是蜜蜂!

被蜂刺蜇了可疼了呢。

蜂刺里藏有蜂毒,所以如果被蜂刺蜇,就会红肿且刺痒难耐。此外,那些对蜂毒过敏的人可能因此而丧命呢。

不过,蜂刺也能被当作药物呢。

什么?用蜂刺来治疗疾病?

如果将蜂刺中的蜂毒提炼萃取,就能化毒为药哦。

蜂毒萃取物可以用来治疗肌肉痛、神经痛、关节发炎等症状,在中药中,蜂毒也经常被用作药物。

蜂刺:蜜蜂尾部的毒刺。

所以说,蜂毒是毒也是药哦。

来，再次闭上眼睛，这次一定得猜对啊。

好的，师父。

嗡 嗡

这是蚊子和蜜蜂一起飞翔的声音。

错。

嗡嗡！这只不过是我发出的声音啦！

……

你再勤加练习吧！啧啧啧。

师父，遵命。

哇！这里居然有煮熟的红薯！

师父，这次我知道了！

这是剥红薯皮的声音。

看样子你在关于吃方面的天赋是与生俱来的啊！

接下来的训练是瞪眼睛不许动的训练。

颤抖

吧唧

这可是史上难度最高的训练啊！

·可以被用作药物的蜂刺·

　　将蜂刺拔出直接放置于伤口处的"民间疗法"可能会由于不知道蜂刺毒性的大小以及细菌的感染而造成伤口加深，所以十分危险。但是，如果将蜂刺中的蜂毒提炼萃取制成药物，则可以大大增加安全性。被尊称为西方的"医学之父"的希波克拉特斯就曾称蜂毒为"神秘的药物"。

有一感到压力就会分泌毒素的青蛙吗?

石头道士,最近过得如何?

托您的福,还不错。

最近又在修炼什么呀?

我最近在修炼变身术。

哈哈!你现在才修炼变身术?

你会变身术?

当然啦,要不要和我比试比试呀?

没问题,我先来。

卡啦啦乌拉拉，唰啦啦嘟啦啦。

嘿！

嗖

怎么样？

不错嘛！

这次轮到我了！嘟噜噜噜，嘟噜嘟噜嘿！

嗖

嘿嘿，我可以变成比狮子更小的猴子！难度比你的更大哦。

那我就变个更小的！

卡啦啦乌拉拉，唰啦啦嘟啦啦。

嗖

你在哪儿呢？我怎么看不见你。

我在这儿。

我变成了箭毒蛙。古人们经常用它体内的毒素来制造毒箭。

呃啊！你可别欺负我哦，我可是会放毒的呢！

你还会放毒？

只要箭毒蛙感知到压力，就会通过毒腺分泌黏液，这些黏液中可是含有剧毒的哦。

好吧，那我就变身成为包含着剧毒的昆虫。

嘟噜噜噜，嘟噜嘟噜嘿！

这种昆虫叫作针椿象，它体内的毒素可以麻痹人的味觉。

真厉害。

师父去哪儿了？

......

呃啊！救命啊！

他们到底去哪儿了？

你的体内正在排出毒素！

哎哟喂……

哎哟……

您二位怎么变成这样了！呜呜……

·吐出毒素的箭毒蛙·

周身被黏液覆盖的箭毒蛙身体各处散布着毒腺。一旦其感知到压力，就会通过毒腺分泌毒素。仅微量的毒素就能毒死一个人。当敌人靠近箭毒蛙时，箭毒蛙就会依靠分泌毒素来保护自己。箭毒蛙是世界上外表最美丽的青蛙，皮肤颜色鲜艳，这也是其警告敌人自己含有剧毒的手段之一。

令人瑟瑟发抖的毒

毒性强烈的蜘蛛毒应该用在哪儿呢?

四处张望

我刚才还看到了来着。难道我看错了?

大叔,您在这儿干什么?

嗯……我正在寻找蜘蛛。

而且是毒蜘蛛哦。

毒蜘蛛?您找它干吗?

我准备利用毒蜘蛛的毒制造药物。

毒蜘蛛的毒还能制成药物？

毒蜘蛛的种类不同，所含的毒性也不同。

其中，红背蜘蛛虽然体积很小，但是毒性强烈，非常危险。如果被红背蜘蛛咬伤，就会导致肌肉无力、恶心呕吐等症状。

我可怕吧？

不过，我正在研究毒蜘蛛的毒素对疾病的治疗效果。

你们在这里干吗呢？

这里有蝎子呢。

蝎子？

令人瑟瑟发抖的毒　71

这里居然还有蝎子？哦，谢啦。

他为什么这么高兴呢？

现在可不是高兴的时候哦。

蝎子的毒可以用于治疗脑肿瘤呢，所以我正在研究相关药物。

我的毒藏在尾巴里。

蝎子的种类不同，所含的毒性也不同，有些蝎子虽然含有剧毒，却可以治疗疑难杂症呢。

不过，蝎子一般都生活在干燥的沙漠或者湿地中，这里怎么会出现蝎子呢？

我们有话带给你。

你们有话带给我？

植物的毒也可以用作药物吗？

哎……出大事了，怎么办啊？

我正好无聊呢。

啪

呃啊！是鬼怪！

你大晚上在森林里干吗呢？

师父给我布置了个任务，需要寻找可以被用作药物的有毒植物。

可是我真的找不到。

好吧！那如果你能在撞拐子游戏中赢了我，我就把那植物给你，怎么样？

好啊!

开始了啊!

蹦蹦
跳跳

呵呵,看样子你是不知道我撞拐子有多厉害。

咚

啊!

扑倒

妈呀!

呜哇!我赢了!

给,拿着吧,这是乌头花。

乌头花里不是包含了剧毒"乌头碱"吗?!

没错,不过这毒却可以用于强心剂、镇痛剂等药品中。

令人瑟瑟发抖的毒

再跟我比试干瞪眼吧，赢了的话我再给你个植物。

好啊！开始吧。

死盯

呵呵，傻瓜，比干瞪眼，我可以坚持好几个小时呢。

嗖嗖

妈呀，吓我一跳！

哈哈，我又赢了！

这是一种叫作"尖被藜芦"的毒草，也是一种药用植物。

可以帮助缓解头痛，消除炎症。

谢谢。

我不能就这么认输，再来比试比试吧。

好啊！

看我们谁能先跑到村口吧。

好啊，开始！

· 可以用作药物的毒植物 ·

　　洋地黄被广泛用作治疗心脏病药物的原料。此外，由于其具有强化心脏肌肉收缩能力的效果，还可以被用于强心剂以及减慢心跳过速的心脏抑制剂。而生长在南美洲的马钱子具有阻断肌肉活动的效果，所以被广泛运用于手术麻醉剂。

令人瑟瑟发抖的毒　　**77**

二

日常生活中可怕的 毒

世界上最毒的鸟是什么鸟？

啦啦啦！

咦？这鸟我还是第一次见。

······

嘻嘻，真可爱！

咬住

呃啊！

扑棱棱

好疼啊……

舔舔

片刻后

嗒嗒嗒嗒

啊！呃呃呃呃！

刚铎利菲拉少校，你怎么了？

鸟啊……要……呃……啊……啊呀……呵……

什么？你舔了舔被鸟咬伤的指头后嘴巴就麻了？

那鸟是不是长这样啊？

点头

哎哟！

那鸟可是具有毒性的毒鸟啊！

那鸟居然有毒性？

毒鸟不是只存在于传说中的吗？

人们于1992年在巴布亚新几内亚发现了一种叫作"林䴗鹟"的毒鸟。

林䴗鹟的皮肤和羽毛中均带有剧毒。

我连这都不知道，居然用舌头舔了伤口。

另一边……

呃啊啦呃哎哟嘟啊呃哦。

你在说什么?

呃啊啦呃哎哟嘟啊呃哦。
(我咬了一口长得非常奇怪的动物,然后嘴巴就麻了。)

哦嘶啊哦呃呃嘟啊啦!(就是因为你这只毒鸟!)

呃啊啦呃哎啦!(就是因为你这个怪物!)

·毒鸟之王林鵙鹟·

　　林鵙鹟是鸟类中最具毒性的毒鸟。如果用舌头舔舐林鵙鹟啄伤的伤口,口腔会麻痹。而如果将林鵙鹟的羽毛含入口中,则会导致口腔和鼻腔黏膜麻痹灼热。林鵙鹟会将自己所产的卵包裹上毒液,以防敌人的偷袭。这种鸟生活隐秘而且不易接近,所以科学家对它的习性知之甚少。

河豚会中自己的毒吗?

嗒 嗒

753,
754,
755……

嗒 嗒

咻

啊!

我的鞋去哪儿了?

翻找

翻找

蹦出

你好呀，你在找什么？

原来是石头道士啊？我刚才在踢毽子呢，结果把鞋给踢飞了。

是吗？要不我帮您一起找吧？

好啊！哈哈！

咦，鞋不是在那儿吗？

我看到你的鞋了。

真的吗？在哪儿？

我给你出个题，答对了我就告诉你。

直接告诉我不行吗……

日常生活中可怕的毒

河豚有毒。那么河豚会中自己身上的毒吗？

这问题也太简单了吧！当然是不会啦。

河豚体内带有超强毒性，叫作"河豚毒素"。

我自己是无法生产毒素的，是因为我吃了有毒的饲料。

河豚不会中自身的河豚毒素，这是因为河豚特殊的神经构造。

嗯，我觉得你也有特殊的神经构造。

你这话是什么意思？

快看那儿。

咦？

·致命的河豚毒素·

　　河豚体内带有超强毒性的河豚毒素。一只河豚体内的河豚毒素可以令大约 33 个成年人丧命。河豚毒素即使通过高温烹煮也无法消除，且目前专家还未找到解毒方法。仅摄入 1~2 毫克的河豚毒素就能危及生命。如果中了河豚毒，一般会在 20 分钟至 6 小时内出现面部和四肢麻痹，严重时还会出现呼吸困难，最终死亡。

什么植物可以自行吸收有毒成分？

嗒嗒嗒

嗒嗒嗒

这是什么?

啪

这是虎皮兰!可以净化空气,有效地吸收有害气体。

而这叫观音竹,可以吸收厕所里的氨气臭味。

什么?这些植物还有这样的作用?

当然啦!不仅如此,八角金盘还能吸收漆料和新墙纸中散发出来的甲醛等有害物质。

悬浮颗粒和煤烟都交给我处理。

而九节龙则可以吸收厨房里所产生的一氧化碳。

植物居然还能吸收有害物质!

日常生活中可怕的毒

呃哈哈哈！我实在是太聪明了。

你在开玩笑吗！

你这又是在干吗？

我准备把裤子晾一晾……

· 可以使室内空气清新的空气净化植物 ·

空气净化植物可以净化室内空气中的污染物质和有害物质，使得室内空气清新。小叶榕、橡胶树可以祛除玄关以及室外流入的空气污染物，蝴蝶兰和仙人掌则可以在夜晚净化卧室内的空气。而书房则应该选择可以释放负离子并吸收二氧化碳的八角金盘和迷迭香。

喝水和吃糖也会中毒吗？

嗯……真好吃！

淘淘，也给我吃点饼干吧。

什么？

这饼干也没多少……

我还是动动小脑筋吧。

给你出个题，如果你能答对，我就把饼干全都给你。

好啊！

那我出题啦。糖是不是毒？

这还用问吗？食物里面不是经常加糖嘛。

叮！回答错误。

什么？

所以这饼干全归我啦。

怎么可能！

如果吃了过多的糖，就会引发"糖中毒"。

喀哧

如果一次性摄入了太多的糖，就会造成血糖浓度增加，引发抑郁症和糖尿病。

你们不知道甜甜的糖会变成毒药吗？

算了！你再给我出道题。

好吧。

日常生活中可怕的毒

水是不是毒?

水?

不是的，我们每天都得喝水啊。

水不可能是毒啊，可是他既然这么问了，那就是毒咯?

水是毒，是毒!

天啊！你怎么知道?

如果在短时间内摄入过多的水，就容易造成"水中毒"。

我怎么这么晕啊?

吧唧！真好吃。

话说你是怎么知道的?

看！任何事物，只要过量就是毒！

哎哟喂！水是什么时候涨这么高的！

呃！我的下巴脱臼了。

所以说，过量则为毒！

·过量则为毒·

　　水中毒是指短时间内所摄入的水总量大大超过了排出水量，导致钠（盐分）浓度骤降的状态。水中毒后容易头痛，呕吐，丧失意识。同样的，如果摄入过量的钠，也容易导致各类疾病。我们应该按照世界卫生组织（WHO）所建议的每人每日钠摄入量（成人2~5克）控制饮食。

哪种微生物只吃有毒物质？

嗒嗒 嗒嗒

嗒 嗒

呼噜呼噜！

这宇宙飞船里怎么这么多灰尘啊。

努力打扫了一番，看上去还真是一尘不染呢。

虽然现在看起来是一尘不染，但其实空间里还是有很多微生物 * 的。

* 微生物：形体微小、构造简单的生物的统称。

99

啪嗒

啪嗒

终于完成了!

快给我瞧瞧。

看，怎么样?

是一台长得像狗狗的打扫机器人呢。

啾啾

不仅是灰尘，对人体有害的细菌、病毒都能统统吸走。

啾

好想把这个机器人送给地球人哦。

上校……

·对人有益的微生物·

大部分微生物都是对我们身体有害的病菌，而以发酵食品中的乳酸菌为代表的对人体有益的微生物其实也有很多。有些微生物可以分解生物的排泄物和尸体，让其成为植物的养分，使植物快速成长。有些微生物在人体的肠胃里，促进食物的消化。还有些微生物可以分解污染物质，净化环境。

中了粪毒会怎么样?

咯噬
咯噬

咕嘟
咕嘟

啊！突然想上厕所了，怎么办?

探出头

没辙了，还是就地解决吧。

呃。

突然

金笠！我们又见面了！

呃！朴笠！

朴笠，为了避免你中粪毒*，赶紧去洗洗吧。

粪毒？粪便中还有毒？

当然啦！如果不小心踩到了粪便，或者吸入了过多的粪臭味，就可能会引发皮肤化脓发炎。

你以为就这样了吗？如果粪毒在体内堆积时间过长，就容易造成便秘，从而引发多种疾病。

咦？你居然在这里随地大小便！噗哈哈！

呃！你什么时候过来的？

咕嘟咕嘟

啊！我的肚子也……

呃。

你干吗非要在我身边拉啊！

片刻之后

既然吃喝拉撒的问题都解决了，那就正式开始对决吧！

来吧！

*粪毒：粪便中的有毒成分。

哆哆嗦嗦

呃啊！我的腿怎么这样了？

哆嗦

刚刚蹲太久了，腿酸……

哆哆嗦嗦

呃！我踩着朴笠的便便了！

滑倒

呃！这不是金笠的便便吗？

·隐藏在便便中的寄生虫和粪毒·

由于以前的厕所和粪坑都比较简陋，所以曾经有不少人会误跌入粪坑。粪便中含有水分、细菌、食物残渣以及寄生虫等，当粪便被排出体外后，就会成为废弃污染物。当粪便中的寄生虫穿透皮肤进入到人体皮肤内部，引发皮肤化脓发炎，则被称为"中了粪毒"。

日常生活中可怕的毒

人体内也有毒吗？

淘淘啊，你知道我们体内其实都有毒素吗？

真的吗？

人类通过食物和氧气吸收营养成分，但同时也会产生废弃物，如果体内堆积了过多的废弃物，就会产生毒素。

不仅如此，环境污染和压力过大也可能造成体内毒素堆积。

怎么了？

嘟嘟，我觉得你体内也堆积了很多毒素。

·体内产生的毒·

毒会影响身体机能的正常运转。我们人体内无时无刻不在进行化学反应，在此过程中也会产生毒素。体内排出的废弃物和活性氧都属于人体内产生的毒。这些毒一般会随着粪便或者汗液排出体外，如果体内堆积了太多毒素，人就会感觉疲劳，引发皮肤疾病，危害健康。

过滤毒素的内脏是什么？

慢慢 吞吞

……

跌坐

完蛋了，怎么办啊？

冒出

咦？这山里怎么有只乌龟？

啊！是兔子。

能遇见你实在太好了。我是在海里服侍龙王的乌龟，能拜托你一件事儿吗？

什么事？

你该不会是想要我的肝吧?

啊! 你怎么知道?

肝越大越好。

我的肝可是这方圆几里最大的。

正好, 只要翻过这道岭就是大海了, 我能不能跟你一路同行啊?

如果你能与我同行, 我可以请龙王好好地招待你。

居然还能请我吃大餐?

哟吼! 居然这么直接地想要我的肝……它到底想干吗?

如何?

这和传统童话里的剧情也太像了。跟着它走就是死路一条啊。

好啊，没问题。

真的吗？

你以为我会这么说吧？这世界上怎么可能会有借给别人肝的动物啊！

什么？

肝是我们身体中最大的腺体。而且，为了维持生命，它每天都要处理超过500件的"工作"呢。

好忙啊，好忙。

肝最重要的工作就是解毒。

它会将体内的有害物质通过化学反应分解，维持身体健康。

兔子啊，你好像有点误会……

误会？

你不是想借我的肝吗？

没错，我确实需要肝很大的朋友。

我胆子太小，所以我真的没办法独自走过这条路。

这都是因为肝！♪都是因为肝！♫哎哟……光是唱歌都觉得害怕。

我也一起走吧……

哎哟！

·净化血液的肝·

一般成人的肝的重量为1~1.5千克，约是两个手掌的大小。在人体的内脏中，肝的体积最大。肝的主要作用是净化血液。只需要五分钟，全身的血液都会流经肝，然后通过肝的作用，将有毒物质过滤。虽然肝可以净化血液，但仅限于少量且毒性不强的毒。

晚上吃的苹果为什么会是"毒药"呢？

咕噜噜

咕噜噜

张望

小矮人们怎么还没来？啊……好饿啊。有没有什么吃的啊？

我还是吃个苹果吧。

啊！

公主！不行！

吓我一跳！

你没有听过"晚上毒苹果"这句话吗？

你这是什么鬼话？

身体活动的频率在晚上会减少，所以在晚上吃像苹果这样糖分过高的食物，容易堆积脂肪。此外，苹果富含食物纤维，晚上吃苹果会对内脏造成一定的负担。

但如果早上吃苹果的话，苹果中的纤维会帮助肠胃蠕动，促进消化和排便。

所以，比起晚上，苹果应该在早上吃。

原来如此。我还以为这苹果当真有毒呢。

次日早晨

唰唰 唰唰

露脸

原来那里就是白雪公主的家啊。我一定得让她吃下这毒苹果。

卖苹果啦！

卖苹果咯！

给我一个苹果吧，听说早上吃苹果最好，我现在就得来一个。

给，这些都给你！

咔嚓

吧唧！

嘿嘿！

片刻之后

公主！

公主！这是怎么回事？

这里有苹果核！

居然敢给我们公主吃毒苹果！

这是什么话？

什么话？你以为我们不知道？

你们看看那儿！

·水果得在早晨吃·

俗话说得好，"早上金苹果，中午银苹果，晚上毒苹果"。苹果里富含纤维素、糖分以及维生素。所以早上吃了苹果后，苹果中的纤维会在午餐时帮助肠胃蠕动，促进消化，阻止脂肪的堆积。比起晚上，类似于香蕉、苹果等富含糖分和纤维素的水果在早上吃更有利于身体健康。

如何祛除蔬菜中的毒素？

莫罗书，你在干吗？

麦奇德里安，我正在削马铃薯呢。

让我来看看你削得如何了。

天啊！居然把一个那么大的马铃薯削成了这么点！

你得把皮削薄一点啊，哈哈哈！

好的！

片刻之后

这怎么还有发了芽的马铃薯啊?

马铃薯发芽了,不能吃吗?

当然!马铃薯的芽里可是含有剧毒的呢。

马铃薯的芽有毒?妈呀!

马铃薯的芽中包含一种叫作"茄碱"的毒素,吃了发芽的马铃薯容易造成呕吐和晕眩。

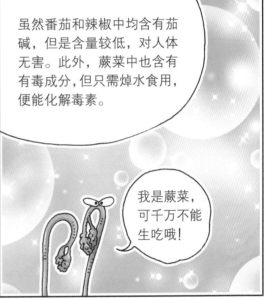

虽然番茄和辣椒中均含有茄碱,但是含量较低,对人体无害。此外,蕨菜中也含有有毒成分,但只需焯水食用,便能化解毒素。

我是蕨菜,可千万不能生吃哦!

话说,要不要我给你表演个魔法呀?

呜哇!什么魔法?

这个嘛,是可以让你更加轻松的魔法······

日常生活中可怕的毒 117

哈！就是这个，可以让马铃薯自动削皮的魔法！

真的吗？

嗒嗒嗒

等一下！

嗒嗒嗒

既然如此，我这儿还有红薯、胡萝卜，这些也帮我削削皮吧。

哈哈哈！你稍等片刻。

喀拉拉酷啦啦，马铃薯、红薯全都变身，嘿！

嘭！

咦？麦奇德里安，没有任何变化啊。

不可能啊……

呃啊！麦奇德里安！

马铃薯没有削皮，我们的头发却全都没了！

我的天啊！

麦奇德里安，这假发戴着有点热啊。

我也有点热。

·发芽的马铃薯不能吃·

如果马铃薯受阳光直射时间过长，颜色就会变绿且会发出新芽。马铃薯的新芽中包含一种叫作"茄碱"的毒素。茄碱无法在水中溶解，通过加热也无法祛除毒性，所以如果发现马铃薯发芽了，就不能吃了。平时，应将马铃薯放置在阴凉通风处进行保管，避免其发芽。在马铃薯中放一个苹果，马铃薯能保存更长时间。

吃了大孢花褶伞之后为什么会笑呢?

蹦哒

今天是采蘑菇的日子!

你这是去哪儿啊?

妈呀!

我在去采蘑菇的路上。

是吗? 我也是!

那正好, 我一个人也挺无聊的, 正好可以结伴而行。

哈哈, 好呀!

咦？那里有蘑菇！

踏嗒

哇！好漂亮啊！颜色这么鲜艳，一看就很好吃。

啧啧！

是吗？

呜啊！这里到处都是蘑菇呢！

怎么了？我说错了吗？

你这是大错特错。一般来说，蘑菇的颜色越鲜艳，就代表它的毒性越强。蘑菇可不能随便乱吃哦。

挖挖

我也不能认输。

挖挖

看看我们谁挖得多吧！

哇！

咔啦啦

咦，这不是大孢花褶伞吗？

啊？

这可是毒蘑菇呢。大孢花褶伞会扰乱人体的神经系统，让人出现精神异常。人们误食了大孢花褶伞后会出现多形象的彩色幻视反应，有时甚至会大笑。

呃哈哈哈！我为什么突然这么开心？

虽然大孢花褶伞会造成精神异常，但是一般这种情况一天之后就会消失。

原来如此。

这么看来，你对蘑菇也不是很了解嘛！

知道了又能怎么样？

看把你厉害的……

那你知道，一根木棍也可以让人大笑吗？

真的吗？这我还真是头一回听说。

看！是不是很想笑呀？

唔嘻嘻嘻嘻！

够了，够了！

我还能用叶子让你打喷嚏呢。

哈啾！

· 被称作"大笑蘑菇"的蘑菇 ·

　　大孢花褶伞的外形与白纱帽相似。大孢花褶伞主要生长在牛粪或者是马粪上。大孢花褶伞中的毒素会扰乱人体的神经系统，让人出现精神异常。人们误食了大孢花褶伞后会出现多形象的彩色幻视反应，有时甚至会大笑。不过，虽然大孢花褶伞的中毒反应比较大，但没有后遗症。

漂亮的蘑菇都是毒蘑菇吗？

去某个县赴任 * 的金大人

什么？这衙门 * 一到晚上就会有很多孤魂野鬼找上门？

是的，大人。

所以，前几任的大人连一晚上都没待满，全都吓得晕了过去。

嗯……我知道了。

当晚

我得弄清楚这些鬼魂到底是因为什么抱憾而死的。

咻溜咻溜

* 赴任：官吏接到任务到某地担任职务。

* 衙门：古时政权机构的办公场所。

嗖

大……人……

呃啊！鬼……鬼魂来了！

大人，我叫小丫头。

抖抖

你的名字叫小丫头啊？好吧，你到底有什么冤屈啊？

嗖

冤屈？我就是为了送夜宵而来的。

呃呵……原来她是为了这个而来啊。

点头

点头

咻

咻溜咻溜

！！！

125

嗖喽喽

大人……请您洗清我的冤屈。

好吧，你的冤屈是什么？

呜呜，我是因为毒蘑菇而死的。

看样子是因为吃了毒蘑菇而死的。

毒蘑菇的颜色鲜艳，且虫子一般都不食用，看样子你生前不知道啊。

人们都认为只要是毒蘑菇都是颜色鲜艳的，但其实不是这样的。

也有很多毒蘑菇就长得很丑。如果没有好好分清楚可食用蘑菇和毒蘑菇，是很容易引发中毒的哦。

我是有毒的大白鹅膏。

我是可以食用的高大环柄菇。

根茎上也有花纹。

那么是谁给你吃了毒蘑菇？

不是啦……

嗖喽喽

什么？

哗啦啦

有人以为我是毒蘑菇就把我给挖出来了，请大人一定要帮我找到凶手。

呃啊啊！你居然是蘑菇？

我是白菜，请大人帮我洗清冤屈。

昨天黄瓜和胡萝卜刚来过……

·不是所有的蘑菇都能吃·

　　大家都说毒蘑菇的颜色非常鲜艳。但其实不是所有的毒蘑菇都是如此。大白鹅膏和高大环柄菇的外形极其相似，且均为白色，但大白鹅膏裂开后，白色的部分会氧化成为褐色，而高大环柄菇则会维持原有的颜色。如果无法区分可食用蘑菇和毒蘑菇，那就千万不要触碰或食用，以免中毒。

颜料也有毒吗？

我是"饭高"，是一位画家。我正在画壁画。

唰唰

现在只要将烈日涂上颜料，这壁画就算完成了。

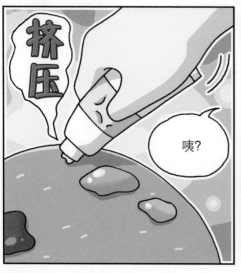

挤压

咦？

哎哟！黄色颜料正好用完了呢。

出现

这位大叔，您在干吗呢？

吓我一跳！

原本画完这个太阳，这幅壁画就大功告成了。可是黄色的颜料正好用完了。

大画家凡高特别喜欢黄色，他的名画《向日葵》就运用了很多黄色。

哦吼！没错。凡高最喜欢的黄色是铬黄。不过，你知道铬黄颜料中含有重金属吗？

这是黄色的革命。

重金属不是有毒的吗？！

没错，美国的印象派画家惠斯勒由于经常使用含铅的银白色颜料，最终因铅中毒引发疾病而死。

我不知道铅居然如此危险。

此外，还有很多画家因为长期使用包含有毒成分的颜料而铅中毒。

话说回来，我该怎么办呢？这没了黄色颜料，就画不出太阳了。

大叔！我想到了一个好方法。

真的吗？什么方法？

太阳也能被乌云遮住呀。

晕！

你这家伙！给我站住！

当日夜晚

嘟嘟啊，你在干吗呢？

我在画画呢，在画天空。

给，我把这画当作礼物送给你。

谢谢。我来看看！

·青色的毒——铅·

铅是一种泛着青色的金属元素。空气、土壤、水、灰尘中都含有铅。我们在呼吸的时候、喝水的时候都会摄入微量的铅，如果体内堆积了过多的铅，就会导致铅中毒。铅中毒会给人的大脑和心脏带来非常严重的影响。在一些食品中含有微量的铅，这些食品应尽量少吃，如皮蛋、爆米花等。

化妆品使用不当也会变成毒吗？

嗒嗒

啪啪

啪啪

化妆时间是我最开心的时候。

满满当当

我的美丽秘诀就是我这出神入化的化妆技术。

……

不过皇后，据说化妆品使用不当也会中毒哦。

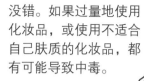

没错。如果过量地使用化妆品，或使用不适合自己肤质的化妆品，都有可能导致中毒。

而且，如果从小时候就开始使用化妆品，或者没有将化妆品洗干净，都容易造成毛孔堵塞，引发皮肤疾病，加速皮肤老化。

因此我们在购买化妆品的时候，应该仔细确认化妆品的成分和保质期。

咔啊

呃啊！我的脸上怎么长了这么多痘痘？

化妆完成！

如何？是不是特别完美？

魔镜啊，魔镜，这世界上最美的湖水在哪里？

湖水？

在皇后您的眼睛里。您的眼睛如秋波般美丽。

哈哈哈！

·化妆品的历史·

化妆起始于公元前 5300 年的古埃及。对于当时承受日照强烈的古埃及人来说，他们会在眼睛下方画上黑色的线，促进紫外线的吸收。此外，因为宗教，古埃及人还会通过各类化妆品来保持面部精致的妆容及自身的干净整洁。古时候，还有妇女会用紫茉莉种子内的白色粉末来化妆。

银接触到毒素之后会变成什么颜色？

干完活儿之后，吃饭就是香。

啪

啊！

扑通

呃……怎么办？我就带了一个勺……

哗啦啦

木匠啊。

山神爷爷！

这个汤勺是你的吗?

不是!我家太穷,我从来都没有见过大金勺呢。

那这把银勺是你的吗?

也不是,我的是把铁勺。

你还真是心地纯良。这些勺子都给你了。

真的吗?太感谢了。

顺便告诉你,银勺子可以测出食物有没有毒,所以应该多多使用。

银勺子是如何测出食物有没有毒的呢?

有毒的食物一旦接触到银勺子,就会产生化学反应,使勺子变成黑色。

日常生活中可怕的毒

所以古时候的皇帝们均会使用银制餐具。而皇帝们在用餐前，还会让侍女用银制餐具来试毒。

真奇怪。

好了，现在你可以走了。

山神爷爷，谢谢你。

我也应该扔个铁勺下去，这样就能多得一把金勺和一把银勺了。

是不是扔的越多，给的越多呢？

这个金勺是你的吗？

不是！我家穷困潦倒，之前连金子都没见过呢。

那这把银勺是你的吗？

这银勺我也是头一回见呢。

哦？如此心地善良的少年，我得送个礼物给你。

真的吗？什么礼物？

·用银来试毒·

　　古时候的皇帝都会使用银质餐具。因为银接触到毒素之后，就会由银色变成黑色，这样就能检测出食物是否有毒了。此外，银还用于古代刑事案件中的侦查，在尸体的脖子内侧插入银簪，然后再抽出，就可以根据银簪的变色情况来判断死者是否死于中毒。然而现代科技证明，银用于鉴毒是有局限性的。

游乐场也有毒?

要不我先来?

您先请。

好吧。

唰啦啦

呜呼!

着陆!

啪

哈啊!

骨碌碌

......

刚铎利菲拉少校，这里便是地球上的小朋友们喜爱的游乐园了。

地球上的小朋友们真幸福。有这么多有趣的游乐设施。

我们可不能光顾着玩，还得执行任务呢。

好的，现在开始调查土壤。

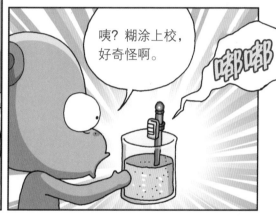

咦？糊涂上校，好奇怪啊。

嘟嘟

这泥土里混入了重金属。

真的吗？

难道……这些游乐设施里也包含了重金属？

根据韩国环境部几年前的调查显示，韩国部分幼儿园和室外游乐场中，每10处就有1处被检测出含有重金属成分。橡胶地板材料、沙子、泥土、涂料等各处均发现了重金属成分。

不仅如此，当颜料脱落、游乐设施腐蚀*老化后，也会出现诸多隐患。

天啊！这对原本脆弱的小朋友来说太危险了！

为了能让小朋友们安心玩耍，很多发达国家会每隔6个月定期更换游乐场的泥土，或者干脆用环保木材制作游乐设施。

这里的泥土十分危险，我们得把它们都挖走。

现在就开始我们的计划吧！

好啊！

好，我把它们都装起来。

*腐蚀：金属接触到空气或液体等产生耗损或破坏。

142

· 请在环保游乐场里玩耍 ·

儿童的铅吸收能力是成人的5~10倍，所以，即使是没有超过标准的微量重金属对于儿童来说也是致命的。所以，应该让儿童尽量在使用环保材料建造的游乐场内玩耍，回家后立即洗手，更换衣物。此外，多吃大豆、牛奶等富含蛋白质成分的食物也有助于重金属元素的排出。

令人战战兢兢的日常生活中可怕的毒

餐桌上的毒

★加工食品中的食品添加剂

加工食品是指那些方便食用并可以长期储存的食品。在制造加工食品时，为了其味道的鲜美，色泽的艳丽等，有些不良商家会过量添加各类防腐剂、人工香料、合成色素等食品添加剂。如果人体内堆积过多的食品添加剂，会造成免疫力低下，引发过敏、癌症等各类疾病。

★危害健康的化学调味料

将天然食品中的成分通过化学手段合成加工后制成的调味料就叫作化学调味料。最近有研究显示，化学调味料中的主要成分"谷氨酸钠"容易引发头疼脑热以及反胃呕吐等症状。

家中常用的化学物质

★生活用品中的化学物质

洗衣液、漂白剂、黏着剂、化妆品、洗发水等生活用品中其实都包含一些有害成分。除了呼吸和食物，化学物质还能通过皮肤进入体内。洗洁精和漂白剂等虽然清洁能力强，但其中包含的化学物质和有害物质不仅会污染环境，而且残留在皮肤上容易造成各类过敏现象，危害健康。

★含有化学成分的染发剂

染发剂中含有各种化学物质，毒性较大。染发剂中包含了氨和苯二胺，这两种化学成分不仅会刺激头皮和毛发，不慎入眼还会造成视力下降。所以，尽量使用不含化学物质的天然染发剂。

★环境激素的影响

环境激素是指由于人类的生产、生活而释放到环境中的，影响人体和动物体内正常激素水平的化学物质。环境激素进入到身体内，就会"伪装"成天然激素，妨碍天然激素的产生。环境激素的摄取容易造成畸形儿的出生、癌症等可怕疾病，对人体危害极大。

★万病之源——二噁英

最具代表性的环境激素"二噁英"是在焚烧垃圾时所产生的。二噁英会随着空气四处流动，污染水源、泥土以及花草树木。人类食用了被二噁英污染的瓜果蔬菜和家畜后，体内的二噁英无法被排出，最终造成皮肤病、免疫力下降，甚至是癌症等多种健康问题。

★塑料中的双酚 A

为了使塑料产品更加坚固而添加的双酚 A 也属于环境激素。双酚 A 容易引发糖尿病、心脏病、乳腺癌、性早熟以及肥胖等多种身体疾病。所以大家平时应该尽量使用原木或是不锈钢材质的产品，使用塑料产品时，也尽量使用标有"PP"、"HDPE"，以及"LDPE"标识的产品。

★如何避免日常生活中的毒

1. 烹饪时使用天然调味料。
2. 尽量食用新鲜食材，避免食用加工食品。
3. 因染发剂中的着色剂是致癌物质，所以尽量不染发，要染的话最好选用纯天然染发剂。
4. 减少塑料袋和保鲜膜等一次性产品的使用。
5. 丢弃电池和水银温度计时，应放到指定的地点。
6. 食用水果或蔬菜前清洗干净，削除外皮后再食用。
7. 用瓷盘或玻璃盘代替塑料盘。

三

令人头晕
目眩的
危险毒气

发明战争毒气的人是谁？

我叫鲁邦！我是有名的世纪大盗，嘿嘿！

我是鲁邦的部下，振邦。

鲁邦先生，我们今天去谁家呀？

今天嘛……

我们要去那家。虽然那户人家外表上看起来平平无奇，但其实这都是障眼法。这房子里面有个金库，金库里装满了金条。

你拿着这个。

咦，这不是防毒面具吗？

防毒面具不是为了防止有害气体被吸入体内的面具吗？

我们干吗还要带着这个？

嗖嗖嗖

据说金库里一旦有人进入，就会放出战争毒气。

那么战争毒气到底是谁发明的？

嗖

什么？还会有毒气？

是德国科学家弗里茨·哈伯。他将盐分解后制造出了氯气。用氯气制造出的毒气弹在1915年的第一次世界大战中被首次使用。

为了我们德国赢，只能出此下策了。

令人头晕目眩的危险毒气

当时，第一次遇到毒气武器的英法联军共死亡了5000余人，15000余人因此中毒。由此，哈伯被人称为"毒气之父"和"生化武器之父"。此外，作为一名科学家，他还发明了化学肥料。

咦？这里果然大门紧闭。看样子我们得从烟囱进去了。

果然是天才神盗。

鼓鼓 囊囊

我们在进入烟囱之前得戴上防毒面具。

好的。

紧跟我！

嗖

扑腾

·让无数人丧命的毒气·

1914 年，第一次世界大战爆发。同一时间，德国也开始了毒气武器的研发。1915 年，他们首次对英法联军使用了毒气弹。但是弗里茨·哈伯曾用氨肥改善世界粮食短缺问题，做出了巨大贡献。为此，1918 年，他还被授予了"诺贝尔化学奖"。

世界上最可怕的毒气武器是什么？

敌方星球嘀哩嘀哩星球即将与我们开战？

是的！没错！

那该怎么办？

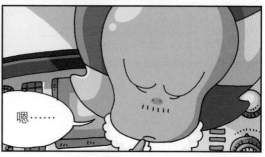

嗯……

准备出击！

难道您想发动宇宙大战吗？

为了守护地球，那也没有办法。

一旦开战，就会有很多人牺牲。

说不定整个宇宙都将岌岌可危。

可如果放任不管，会造成更大的混乱。

时间紧迫，我们必须得马上出发！

噗

上校，据说地球人在战争时会使用毒气当作武器。这会不会太危险啊？

那是当然。

有些毒气只要稍微接触皮肤，就会对生命产生威胁。

呃！那是什么毒气？

是神经毒气。除了神经毒气外，过去地球人在战争时还使用过多种毒气。有引发肺部炎症的氯气，还有让视力下降的芥子毒气等。

可怕吧？

此外，还有令人窒息的磷化氢气体，让人精神错乱的"BZ"毒气＊等。

咳咳！毒气好像已经进入了我的肺部。

啊！上校，那是嘀哩嘀哩星球的宇宙飞船。

我们也要开始准备攻击了。

应该没问题吧？

吱吱

上校！嘀哩嘀哩星球的宇宙飞船的大门打开了。

收到！

吱吱吱

正式开战！

准备出击！

＊"BZ"毒气：是一种军用化学武器。

扑腾

啊呀呀！还不放开！你一定要让我骂你吗？

啪嗒嗒

啪嗒

哼！居然敢掐我？啊呀呀呀！

看看我这最新武器的厉害吧！

咻咻

呃啊！我投降！

令人头晕目眩的危险毒气

煤气中毒后应该怎么办？

大叔！淘淘因为煤气晕倒了！

什么？晕倒了？

噗嗡

难道是煤气中毒了？

该不会是吸入了过多煤气吧？

煤气中毒的话，应该立即拨打120急救电话，然后将中毒患者小心地移动到室外，让其呼吸新鲜空气。

啪

淘淘啊，你没事儿吧？

煤气用完了，没法儿煮饭，他就饿到晕倒了。

哎哟，饿死我了。我要晕过去了。

吓……吓死我了！

妈呀！是火！

因为你们，我真的要火冒三丈了。

·引发煤气中毒的一氧化碳·

煤气中毒事故中90%以上都是由于一氧化碳中毒。煤气中包含大量的一氧化碳，吸入容易导致一氧化碳中毒。此外，香烟烟气中也包含大量的一氧化碳。一氧化碳进入体内后会减少体内的氧气含量，导致意识丧失。一旦发现一氧化碳中毒患者，应先将其移动到室外平卧，并尽快送往医院。

令人头晕目眩的危险毒气

为什么肚子会胀气呢？

噗噗噗

跌坐

我得停下来吃个汉堡，补充补充体力。

啊呜啊呜吧唧！

淘淘啊，你在这儿干吗呢？

吓一跳

啊！被发现了。

你又一个人在这儿偷吃汉堡了?

没辙了。

我们分着吃吧。

吧唧!

好可惜啊!

狼吞虎咽。

咕嘟嘟

啊……

怎么了?

难道是肚子胀气吗?

什么?肚子胀气?

嗯……不知怎的,肚子总是咕咕叫,好像有气体进入了肚子一样。

啪

哈哈,还真是肚子胀气呢。

超能量超人叔叔!

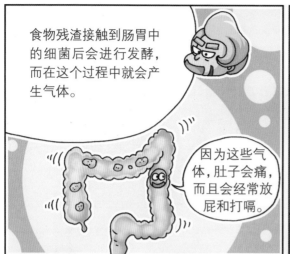

食物残渣接触到肠胃中的细菌后会进行发酵，而在这个过程中就会产生气体。

因为这些气体，肚子会痛，而且会经常放屁和打嗝。

我们应该养成有规律的排便习惯和运动习惯，这样才不会肚子胀气，即使肚子里产生了气体，也不会长期堆积在体内。

咦？大家都在这儿呐。

糊涂上校！

刚铎利菲拉少校！

淘淘、嘟嘟，你们也在这儿呐？

小花仙！

这么一看，大家都来啦。

没错。

咕噜、咕噜、咕噜噜……

这是什么声音？

好像是谁肚子胀气的声音呢。

咕噜噜咕噜

对了！这是金刚的肚子吧？

喂！你们的肚子也胀气了！快排掉点废气吧！

脸都憋黄了！

你们还是赶紧下去吧。

·如何养出健康的肠胃·

　　在消化过程中产生气体是非常自然的现象。但是，如果肠胃中一直充斥着气体，就容易引发消化不良等不适症状，还会一直放屁和打嗝。如果在日常生活中经常出现胀气的现象，就应该改变饮食习惯，多吃蔬菜水果，养成规律饮食和运动的好习惯，让排便顺畅。

令人头晕目眩的危险毒气

为什么不响的屁更臭？

我又被关到这无人岛上了。好饿啊。

嗒嗒嗒

嘟嘟啊，快看这个！这无人岛的另外一边长满了香蕉树。

哇！

我们一人一半吧，你等我掰一下。

啪

嗯！

咕嘟

噗

妈呀！

震得我耳膜都要破了。

嘻嘻。

你放屁还真是不分时间和场合啊。

抱歉，这里实在是太安静了，所以放屁的声音就更响了一点。

可是放屁时为什么会出声呢？真的有点丢人呢……

气体一次性排出时，括约肌＊会产生震动发出声音。

噗！

吓我一跳！

＊括约肌：调节肛门的肌肉。

163

屁虽然响，但是不臭啊。你难道不知道不响的屁更臭吗？

不是啦，只是比起声音来说，臭味更小而已。其实，屁的臭味主要取决于吃的食物。

比起碳水化合物，食用鸡蛋和肉类等蛋白质和脂肪含量更高的食物后放的屁更臭。

而且，由于不响的屁是毫无预警的，所以人们会觉得不响的屁更臭。

话说回来，救援怎么还没来啊……

嘿嘿，不用担心。

我们距离陆地很近，救援应该马上就来了。

是吗？

嘭！

嘭！

唉！

哎哟，又来！

不是我放的屁啊……

嘭！ 嘭！

SOS 救援队

应该就在这附近啊……

这次的屁不太臭啊！

……

噗啦啦

你能不能换个放屁的声音啊，我都要混淆了！

这样？

·"虚张声势"的屁·

屁就是没有消化的食物残渣因肠道中的细菌发酵后所产生的气体。此外，人们在进食的时候也会吸入少量空气，这些空气也会伴随着屁或者嗝排出体外。"响屁多不臭"主要是因为一次性排出的气体量大，而恶臭气体含量相对较少所造成的"错觉"。

令人头晕目眩的危险毒气

被浓密的大气层所
包围的行星是哪颗？

啪嗒

呃啊！我要出去！

啪嗒

我们已经饿了
几天了？

我都饿到出
现幻觉了。

咦？快看
那儿。

有流星落下。

什么？

一下子

什么？有煎饼落下？

不是煎饼，是流星啦。

跌坐

居然还出现了幻听 *……

哪儿？哪儿！

不知道是不是因为在无人岛，这天上的星星更加亮呢。

城市里的空气更加污浊，而且灯光绚烂，所以都看不见什么星星……

都什么时候了，还星星呢，星星能吃吗……

淘淘啊！快看那边的天空。

我可以看到金星！

* 幻听：一种听到不真实存在的声音的幻觉。

令人头晕目眩的危险毒气

金星是夜空中仅次于月亮的第二亮天体，也是和地球环境最为相似的行星之一。

你知道金星被浓密的大气层所包围吗？

真的吗？

金星周围浓密的大气层主要由二氧化碳构成。而二氧化碳上还覆盖了一层厚厚的硫酸云。

这浓密的大气层使得金星的地表温度高达 480 摄氏度。

啊，好想去金星看看啊。

为啥？

什么为啥啊？

你刚不是说金星被大饼层包围了吗？

……

我什么时候说了？！不是大饼层，是大气层！

太阳炙烤着大地。

什么？太阳炙烤着大鸡？

·金星耀眼的原因·

金星是仅次于水星距离太阳第二近的行星，在太阳系行星中最为耀眼。在清晨和日落后，我们甚至可以用肉眼看到它，所以它又被叫作"启明星"和"长庚星"。金星如此耀眼，主要是由其周围环绕的硫酸云反射太阳光所造成的。

令人头晕目眩的危险毒气

因氨气而散发恶臭的是什么食物?

谢谢你的款待，不过这菜好像馊掉了。

这就是孔鳐生鱼片的特点啊。因为这道菜其实是发酵食物。

所以是特意让它"馊"掉的啦。

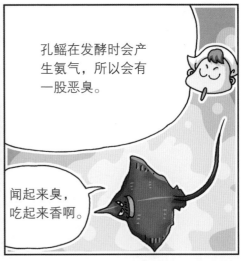

孔鳐在发酵时会产生氨气，所以会有一股恶臭。

闻起来臭，吃起来香啊。

如果你们还想吃孔鳐生鱼片的话，随时欢迎啊。

啊，好吧……

这地球料理还真是千奇百怪。

咦，那不是超能量超人吗？

正好，我正准备回家吃晚餐呢，你们和我一道回家吃吧。

真的吗？正好中午没怎么吃。

给！你们多吃点。

天啊！怎么又是孔鳐生鱼片？

臭气熏天

脏乱

不是孔鳐生鱼片啊。你们这是怎么了？

这臭烘烘的味道明明就是孔鳐生鱼片的味道啊……

啪

呃！是"孔鳐臭袜子"！

·因"厕所味"而被人熟知的氨气·

　　氨气有一股臭气熏天的味道。老式厕所和公共厕所里经常会出现这种气味。蛋白质被人体摄入后，会被分解、转化，而在转化的过程中，就会产生氨气。氨气会随着汗液和尿液排出，而孔鳐在发酵时所产生的气体也是氨气。

臭鼬的屁是如何被用于战争中的？

淘淘啊，正好闲来无事，我们来玩个战争游戏吧？

好啊！可是现在手头上没有武器啊。

这好办。

拿根树枝凑数就行。

突突突突！赶紧投降吧！

你！居然连招呼都不打……

噌地

卑鄙的家伙，嗒嗒嗒嗒嗒！

你不知道臭鼬的屁曾经被用于战争之中吗？

什么？臭鼬的屁曾经被用于战争之中？

嗯。其实臭鼬的屁并不是气体。而是其肛门附近所排放出的带有恶臭的黄色液体。

这其实不是屁啦。

而造成恶臭的主要成分是丁硫醇，第一次世界大战中，联军曾经利用臭鼬的屁制成毒气弹击退了德国军队。

德国军队以为臭鼬的屁是有毒气体，惊恐万分，这使得一战的战局逐渐转变成有利于联军的局面。

就是现在了！噗啊！

我还在说话呢，你居然袭击我！太卑鄙了！突突突突！

咻咻咻咻！

咳咳，用嘴打仗更累。

我也是。

啊！我们也可以使用"生化武器"啊。

坐起

好主意！

接受我的武器攻击吧！

突突突
噗噜噗噜
嗒嗒嗒
卟噜卟噜
噗啊噗啊噗啊噗

跌坐

狠毒的家伙！

明明你的屁更臭！

·臭鼬的液体武器·

臭鼬在遇到危险时会释放臭屁。臭鼬的屁其实不是气体，而是一种臭液。这种液体刺激性非常强，被它击中眼睛，会导致短时间的失明；喷到鼻孔里，就会引起麻痹。如果这种臭液不小心沾到动物身上，便会很长时间都不消散，而且能传播至方圆1千米的范围。

令人头晕目眩的危险毒气

动物吸入了氦气后声音也会发生变化吗?

刚铎利菲拉少校，如果人类吸入了氦气会怎么样呢?

人类吸入了氦气，声音就会发生变化。

没错，由于氦气的密度比空气低，所以声音的振动会加快，音调随之变高。

而那些凶猛的动物如果吸入了氦气，声音应该也会发生变化，变得特别有趣可爱吧?

我早早地在那里设置了氦气实验机关。

咦? 快看那儿。狮子吸入了氦气!

到了揭晓实验结果的时刻了。

呃啊!

今天的实验结果是——凶猛的动物吸入了氦气后依然凶猛！

嗒嗒嗒嗒

我跟你一起走！

咳啊啊！

你怎么吸了氦气之后一句话都不说啊？

……

·改变声音的氦气·

　　氦气比空气轻，经常用于飞船、气球等需要浮在空中的物品中。氦气之所以能够改变声音，是因为其传达声音的振动速度比空气快三倍。此时，声音的传播速度会加快 10~20 秒。氦气虽然不会对人体造成特别的危害，但是吸入太多会有窒息的危险，所以要小心。

烹饪时所排放的温室气体有多少?

嘟嘟啊，今天的午餐是什么?

要不我们在家弄点可口的小菜配米饭吧。

首先得淘米煮饭。

唰唰 唰唰

汤就弄个大酱汤好了!

唰唰 唰唰

随手写下。

……

小菜就做个炒香肠和鸡蛋卷吧。

啪 啪

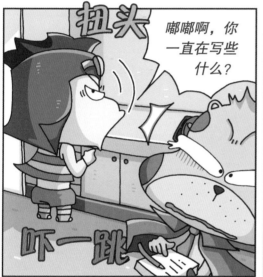

扭头

嘟嘟啊，你一直在写些什么？

吓一跳

我正在记录准备一顿午餐会排出多少温室气体。

温室气体？你是指造成地球变暖的主要气体吗？

没错，我们在烹饪时也会排放温室气体哦。

真的吗？

令人头晕目眩的危险毒气

我们做一顿午餐所排放的温室气体的量大约为 4.8 千克。而这个量相当于一棵松树一年所吸收的二氧化碳的量呢。

一顿饭（4 人标准）所排放出的温室气体

米饭 0.77 千克	大酱汤 1.45 千克	五花肉 0.98 千克

嗯，在运送食材的过程中，需要使用到汽车，而我们在烹饪的时候还需要使用到水和煤气。

这么多？

这些过程中都会排放出温室气体。

那这么说来，处理厨余垃圾时也会排放出温室气体咯？千万不能浪费粮食！

嗯！你说得没错！

大口大口大口

吧唧

片刻之后

唰唰 唰唰

淘淘啊，你在干吗？

唰唰唰唰

我也在计算。

什么？

我在计算吃了午饭后我会排出多少气体。
噗噗噗
嘭嘭嘭嘭
噗咻
咳咳！我说哪儿来的臭味呢！

你又在记录些啥？
我在记录我一餐到底能吃多少饭。

·如何减少温室气体的排放·

温室气体指的是造成气候变暖的二氧化碳、甲烷、二氧化氮等六大主要气体。温室气体将地球的大气层环抱，使地球表面变得更暖。如果过量排放温室气体，就会使地表加速升温，引发各类环境问题。我们可以通过搭乘公共交通、尽量食用本地食材等方法减少温室气体的排放。

使人大笑的气体是什么？

你在这儿等着。

是！

发呆

……

上校，地球的天空为什么灰蒙蒙的？

汽车尾气对人体有危害？

汽车尾气中的一氧化二氮长期停留在空气中会造成呼吸疾病，小孩和老人需要尤为注意。

因为大气污染啊。工厂排放出的煤烟、汽车尾气等都是造成大气污染的元凶。

尤其是汽车尾气对人体的危害极大。

不过，你知道一氧化二氮又被称为"笑气"吗？

笑气？

一氧化二氮还被当作镇痛剂用于医学治疗中。一氧化二氮能够直接对神经产生影响，让人意识模糊，使人心情变好。

19世纪40年代，美国牙科医生使用一氧化二氮成功地为一位患者拔除了智齿。于是，一氧化二氮被广泛用于医学治疗。

我用笑气给你进行了麻醉。

嘿嘿……

啊哈！你是不是也要用笑气帮我麻醉一下啊？

不是，我有更好的方法。

给，你先读一读这本书，这是一本关于地球宗教和哲学的书。

啊？哦……

片刻之后

嗯啊嗯啊……

哈哈哈哈！

你说什么？

只要读了这本书，牙齿就会自然掉落！

· 在紧急状况下使用的镇痛剂 ·

一氧化二氮进入体内后，会减少血液的氧气输送量，使人出现低氧症，从而处于蒙眬状态。此外，一氧化二氮还会对神经系统造成影响，使得人体失去意识入睡，让人感觉不到疼痛。因此，一氧化二氮经常被当作紧急止痛药使用。一氧化二氮还会使脸部肌肉出现轻微痉挛，因此还被称为"笑气"。

令人头晕目眩的危险毒气

人体也会发出放射线吗？

我是东左假面！传说中的假面英雄。

这里看样子是个和平的村落呢。

你好？

吓我一跳！

真的吗？

你好！见到你很高兴。我们来握个手吧？或者我给你签个名？

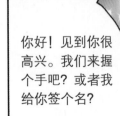

不过……您是哪位啊？

……

我就是传说中的假面英雄——东左假面。没有人可以阻拦我！

哇！

嗷

嚓

看，我的眼睛里能够射出激光！

我还有一把光剑。

我的身体和人类相比，可不是高级了一星半点。

那大叔您的身体也会发出放射线吗？

放射线？放射线不是放射性元素衰变时才会产生的射线吗？

放射线可是非常危险的哦。人体怎么可能会发出放射线呢？

令人头晕目眩的危险毒气

可这就是事实啊。而且人类其实一直生活在放射线的环境中啊。

什么？真的假的啊？

X-ray

放射线包括 α 射线、γ 射线、X 光等。在医院拍摄的 X 光片也使用到了放射线。

每个人的人体内都自带了 0.01 克左右的放射性钾。而且自然界也会不断发出放射线哦。

不过这些都属于微量放射线，对人体的危害不大。

如果一次性吸收了过多的放射线，那才是真的危险呢。

我之前还真不知道人体还会发出放射线呢。

呼啦

那我也给你看看我的厉害。

我的身体里其实也有个秘密。

什么？快给我瞧瞧！

窸窸窣窣

这……

晕！

看！是不是很意外呀？东左假面其实就是我！嘻嘻嘻！

呃！东左假面其实是小花仙精？

那个在飞行的假面超人是我姥姥。

怎么会这样……

· 无法避免的放射线 ·

我们经常暴露在自然或周围环境的辐射中。天然射线源一般强度比较低，吸收的量非常少，所以不会有危险。可如果暴露在具有巨大能量的放射线下，我们体内的DNA（脱氧核糖核酸）就会受损，常常出现头痛、四肢无力、贫血等症状，还会引发皮肤损伤、器官功能下降等多种疾病。

令人头晕目眩的危险毒气

屁会爆炸吗？

我是屁屁超人噗曼。

我可以随时随地地放屁。

还能用屁来演奏。

噗吧啦，吧吧，噗吧吧！

噗曼，你好呀，我有个关于屁的问题想向你请教。

你好，如果是关于屁的话，我知无不言，言无不尽。

如果一直憋着，或者是在密闭的空间内放屁的话，屁会爆炸吗？

这……这我还真不知道呢！我从没有憋过屁呢。

噗

是吗？

哈哈！这个问题，你应该问我啊。

是超能量超人大叔！

美国宇航局（NASA）曾经做过一次关于屁爆炸的危险性研究。由于屁中含有甲烷成分，可能引发火灾。

在宇宙飞船这种狭小空间里，即使是个小火星，也可能引起大爆炸。

所以，宇航服和厕所内都安装了吸收屁的装置。

噗

现在可以放心地放屁啦。

令人头晕目眩的危险毒气

那我也憋个屁试试?

真的吗?

你要试试?

你是屁屁超人，说不定还能产生和常人不同的其他现象呢!

那我来试试看。

呃……

颤颤

7秒，8秒…

噗曼，如果实在憋着难受，就算了吧。

巍巍

1分10秒……

1分11秒……

再憋一憋……

噗曼，你没事吧?

感觉你有点勉强啊。

呃! 我实在是憋不住了!

·可能会爆炸的屁·

屁主要由氮、氢、二氧化碳、甲烷、氧气、氨气等组成。其中，甲烷是造成屁着火的主要成分。如果在密闭的空间内聚集大量的屁，就有可能着火并引发爆炸。宇航员由于会摄入大量高蛋白食品，因此会经常放屁，如果屁接触到宇宙飞船内的器械，即使是微小的火星也可能引发爆炸。

令人头晕目眩的危险毒气

为什么要给用完的液化气罐穿孔？

呃……好冷。

南极

我们这是钓什么鱼啊？

连只虾米都没见着……

淘淘啊，天气这么冷，我看还是算了，要不我们煮饭吃吧。

好呀好呀！

嘎嗒

完蛋了！液化气全用完了！

不用担心，我带了好几罐呢。用完的就扔了吧。

等一下！

用完的液化气罐必须穿孔后才能丢弃。

为什么要穿孔啊？

液化气罐内装有在高压力下用液体制造的液化气。如果随意扔掉用完的液化气罐，很可能因为外部冲击或温度升高而引发爆炸。

所以，在扔掉液化气罐前，必须用开瓶器或锥子给气罐穿孔，将剩下的液化气倒掉后再扔掉。

穿孔一定要在通风的室外进行，并且要仔细观察风向，避免液化气流入屋内。

令人头晕目眩的危险毒气

可能这帐篷用了
太久吧。呃……
好冷啊！

……

淘淘啊，旁边的
帐篷也裂开了。
呜呜……

·液化气罐的处置方式·

便携式煤气灶主要使用液化
气罐，如果处理不当，液化气罐
很可能会爆炸。不仅是液化气罐，
气雾剂型化妆品、空气净化喷雾
等物品都属于易燃危险品，在废
弃前都必须穿孔，倒出瓶内液体
后放入分类回收垃圾桶。

令人头晕目眩的危险毒气

造成温室效应的元凶们

牛屁

牛在消化体内食物时需要进行长时间的发酵并排出许多气体。所以，牛会排放出比其他动物要多的屁。牛屁中包含大量的甲烷，据说，全世界的牛所放的屁已经对全球气候变暖造成了约 15% 的影响。

汽车尾气

造成温室效应的元凶之一是汽车尾气。汽车尾气不仅会造成大气污染，还会使空气中的二氧化碳含量增加，使地球气温升高。目前，大部分的国家都已经出台限制汽车尾气排放的法律。

化石燃料

石油、煤炭等化石燃料虽然是维持人类日常生活的必需品，但因化石燃料而产生的二氧化碳日益增多，也加剧了全球变暖。

氟氯烷

使用冰箱、空调、喷雾所产生的氟氯烷一旦扩散到空气中就很难分解，随着气流上升至臭氧层后，虽然会通过紫外线进行分解，但也会将其周围的臭氧转化成氧气，破坏臭氧层。

工业废气

据调查，工业废气排放量大约占所有废气排放量的11%。工厂或发电站等工业厂房所排出的二氧化碳也是造成温室效应的主要元凶之一。所以，目前大部分国家都已经出台限制工业废气排放的规定。

★如何身体力行减少温室气体

1. 出行时减少私家车的使用，尽量乘坐公共交通工具。
2. 不用或尽量减少喷雾的使用。
3. 冬天调低室内暖气的温度，穿棉服。
4. 不使用电视、电脑等电子设备时，应关闭电源，拔掉插头。
5. 尽量减少食物垃圾。
6. 减少纸杯或木筷等一次性物品的使用。
7. 多多种植植物。